动物秘密大搜罗

动物语言的秘密

马玉玲◎编著

吉林科学技术出版社

目录

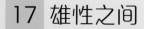

目录

为了吸引"心上人"的目光，雄信天翁真没少下功夫！在向"心上人"求婚时，雄信天翁会咕咕地唱一首情歌。接着，这位"绅士"还会不停地对"心上人"鞠躬，以此来表达自己的心意。最后，这位绅士还会把喙伸向天空，以此来展现自己优美的曲线。

知识扩展

信天翁的自我介绍：以高超的飞行技巧而闻名，因为我会借助气流在空中滑翔，所以即使我不扇动翅膀，我也能在空中滑翔6小时左右，是不是超厉害？

激情演奏

和蝉相比，螽（zhōng）斯显然要幸运得多！螽斯只需在"地下室"居住一年左右的时间，就能"搬"来地面上生活了。螽斯需要经历好几次蜕皮才能成年，成年后的雄螽斯会用"歌声"吸引心仪对象的注意。对了，天气越热，就越能激发螽斯的"男高音"潜能呢！

爱的宣言

雄性牛蛙长有一对大大的声囊，它们就是靠着声囊来发声的。到了繁殖期的夜晚，雄性牛蛙便会格外卖力地"演唱"，它们会争着向心仪对象表达自己的爱意。而雌性牛蛙就需要从众多的"爱的宣言"中挑选出最合自己心意的。

悦耳的歌声

"一闪一闪亮晶晶，满天都是小星星……"这是你会唱的歌。但你知道吗，动物界也有一群热爱唱歌的"歌手"。每到繁殖期，雄性动物就会开一场"情歌音乐会"，来表达自己对"心上人"的心意。若雌性被它们的歌声打动，就会给出回应。准备好了吗？和我一起去参加它们的音乐会吧！

动听情歌

这只雄幼蝉十分高兴，它已经在"地下室"住了很多年，今天，它终于能"搬"到地面上生活了。雄幼蝉从土中钻了出来，爬上了离它最近的大树，它慢慢脱下"外衣"，这也意味着它成年了。蝉的生命很短暂，所以它不得不抓紧时间寻找伴侣。为了打动"心上人"的芳心，这只蝉大声地唱起了求偶歌谣。

合唱男团

"嘟嘟"这是轮船的汽笛发出的声音吗？不是的，这是豹蟾鱼的歌声。为了能让心仪的对象注意到自己，这条雄豹蟾鱼正在卖力地演唱呢！而周围的雄豹蟾鱼在听到歌声后，也欣然地加入到了歌唱队伍中。"呼噜呼噜"，你听，它们正在给求偶的雄豹蟾鱼伴奏呢！

深情对唱

今晚，角鸮要开一场"求爱演唱会"，这是个很费精力的活儿，所以它现在得好好休息。繁殖期间，雄角鸮会用鸣叫声邀请雌角鸮进入它的领地。雌角鸮若是和它"对唱"，那就意味着雌角鸮答应了它的"求婚"。有时，为了能得到伴侣的青睐，雄角鸮们甚至能鸣叫一整晚。

5

处于繁殖期的雄壮丽细尾鹩莺会向心仪的伴侣展示自己亮丽的蓝色羽毛，以此来告诉雌壮丽细尾鹩莺自己是生儿育女的绝佳伴侣。大多数的雄壮丽细尾鹩莺在求偶时，还会带上黄色的花瓣作为定情礼物，是不是很浪漫？

知识扩展

壮丽细尾鹩莺的自我介绍：我是壮丽细尾鹩莺。我叽叽喳喳叫个不停可不是在唱歌，而是在和伙伴交流信息，鸣叫是我们主要的交流方式之一。

好漂亮的花瓣呀！

定情礼物

为了得到"意中人"的肯定，雄翠鸟在向"意中人"表达爱意前，会先准备一份礼物——美味的小鱼。若是对方拒收这份礼物，雄翠鸟就会将礼物吃掉。雄翠鸟往往得送好几次礼物，才能被雌翠鸟接受。没看出来吧，雄翠鸟还是位"绅士"呢！

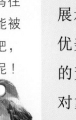

选我选我

不擅长"唱歌"的小动物该怎么做才能获得心仪对象的青睐呢？别担心，它们展示自己魅力的方式可多着呢！蜂鸟凭借优美的歌声和靓丽的羽毛打动了心仪对象的芳心，极乐鸟靠漂亮的羽毛吸引了心仪对象的目光，翠鸟为心仪对象准备了一份礼物……其实，它们最终的目的都是为了告诉心仪对象："选我选我！"

无声炫耀

极乐鸟似乎没有什么唱歌的天赋，但没关系，它还能靠漂亮的长相赢得中意对象的青睐。这只红色的雄性极乐鸟将自己倒挂在了树上，它恨不得将自己的彩色羽毛全抖开来，修长的尾羽随着风轻轻摇摆，那画面真是好看极了！

卖力展示

咦，这只军舰鸟的胸前怎么挂着个大气球？你搞错了，那并不是气球，而是军舰鸟的喉囊。繁殖期时，雄性军舰鸟为了展示自己的魅力，它们会鼓起自己鲜红色的喉囊。等繁殖期过去，它们的喉囊就会慢慢地瘪下去，喉囊的颜色也渐渐变为暗红。是不是很神奇？

空中表演

怎么才能吸引雌性蜂鸟的目光？雄性蜂鸟可想了不少办法。你瞧，这只雄性蜂鸟先是快速地扇动翅膀，来一场精彩的空中表演。接着它稳稳地停在雌性蜂鸟面前，并不停地扭动自己的头部，以此来展示自己脖颈上靓丽的羽毛。有时，雄性蜂鸟还会大展歌喉，为雌性蜂鸟唱一支动听的情歌呢！

精心打扮

筑好巢后，雄刺鱼就准备向雌刺鱼"求婚"了。为了能"求婚"成功，雄刺鱼在"求婚"前还会精心打扮一番。繁殖期时，雄刺鱼的体色开始变得鲜艳起来，腹部、颈部的皮肤变成了淡红色，背部的皮肤变成了青色，眼睛也变成了亮蓝色。面对这样的雄刺鱼，雌刺鱼会动心就不奇怪啦！

箭毒蛙是蛙类中最漂亮的成员之一，它鲜艳的体色其实是为了提醒其他动物："别靠近我，我有毒！"箭毒蛙漂亮的身体上布满了细小的毛孔，这些毛孔可以分泌出毒素。有些箭毒蛙的毒素的毒性足以毒死一个成年人呢！所以，若是碰见箭毒蛙，一定要赶快躲远点儿呀！

知识扩展

箭毒蛙的自我介绍：我叫箭毒蛙，我的体色非常鲜艳，多为黑、红、黄、橙、粉、蓝的结合。我们箭毒蛙科约有170个物种，如花箭毒蛙、斑背毒蛙、绿色箭毒蛙等。其中，55种具有毒性。这里面，属金色箭毒蛙的毒性最大，是世界上最毒的动物之一。

绚丽毒衣

小个子凤蝶毛虫穿着非常漂亮的外套，十分惹人喜爱。但你若以为漂亮的凤蝶毛虫是不具备攻击性的，那你就大错特错了。恰恰相反，凤蝶毛虫绚丽多彩的外表其实是为了告诉对手："别来招惹我，我是有毒的！"

别碰我，我有毒

生活在危机四伏的大自然，可得多留个心眼。有些动物美丽的外表下，可能藏着致命的毒液；有些动物虽然性情温和，但也不会任由他人欺负……珊瑚蛇的靓丽体色，凤蝶毛虫的漂亮"外套"，蓝凤蝶背后的白色圆点，魟鱼尾柄上的刺，其实都是为了提醒对手："别碰我，我有毒！"

小心毒刺

魟鱼的性情十分温和，几乎不会主动地攻击其他动物。但若其他动物主动攻击它，它也会毫不客气地反击。魟鱼的尾柄上长着 1 ~ 3 根毒刺。你可不要小瞧了这为数不多的毒刺，若是被它扎到，可能会有丧命的危险！

警示圆点

幼年的美洲蓝凤蝶常常以有毒的植物为食，这就导致成年的美洲蓝凤蝶体内也含有毒素。美洲蓝凤蝶的头部和身体上都长着醒目的白色斑点，这些斑点时时刻刻都在提醒着那些打它主意的鸟儿："不要随意将我吃下肚，否则，你也不会有什么好下场！"

美丽的外表

鲉虽然生活在海底，但它却不太擅长游泳，那岂不是便宜了它的天敌？放心吧，鲉可不是好欺负的。鲉身上长着带毒的鳍棘，这让许多打它主意的家伙都不敢轻举妄动了。大多数的鲉都有美丽的外表，它们身上的鲜艳颜色就对对手起着警示作用。

能者多劳

虽然中美珊瑚蛇致人伤亡的事件很少发生，但这并不代表着它们没有毒。事实上，中美珊瑚蛇的毒性极强。中美珊瑚蛇的皮肤上长着红、黄、黑三色相间的环状花纹，非常漂亮。而这美丽的花纹也是珊瑚蛇警告人类和天敌的手段，就像在说："离我远一点儿，否则，就别怪我不客气了！"

9

　　臭鼬的性格比较温和，很少主动攻击其他动物。遇到危险时，臭鼬会先用自己黑白相间的皮毛警告敌人不要靠近。如果敌人不理睬，继续靠近，臭鼬就会竖起它的尾巴，并用脚跺地，以此来告诫敌人："若是你再敢靠近，我就要使用我的秘密武器——臭液了！"经过臭鼬的耐心劝诫，大部分的对手都会放弃攻击它，毕竟，被臭液喷中的滋味可不好受。

我有臭液，你敢过来？

臭鼬的自我介绍：
我叫臭鼬，我喷出的臭液是有毒的。我的臭液不仅能让对手流泪不止，甚至还能使敌人窒息，并引起暂时性失明。

知识扩展

竖起的刺

这只刺猬长得肥嘟嘟的，真可爱！你认错了，那可不是刺猬，而是豪猪。遇到危险，豪猪就会将皮肤表面上的长刺竖起来，这些长刺还会因为豪猪肌肉的伸缩碰撞在一起，发出刷刷的响声，同时，豪猪也会用嘴发出噗噗声。看到气势汹汹的豪猪，敌人自然就不敢轻易上前了。

快走开，我超凶

动物们其实并没有我们想象中那么暴躁。在对手试图接近它们时，它们往往会先发出警告。若对方不理睬它们的警告，它们才会真正发起攻击。臭鼬竖起的尾巴，豪猪身上的长刺，蓝舌石龙子的蓝色舌头，黑熊外露的牙齿……都是在警告对手："我已经给你机会了，快走开。否则，要你好看！"

模仿达人

猫头鹰蝶堪称动物界的"模仿达人"。靠着模仿猫头鹰，猫头鹰蝶不知道逃过了多少劫。你瞧，这只猫头鹰蝶正在树上歇息呢，它将翅膀竖起，目的就是为了露出那酷似猫头鹰脸的一面。从远处看，天敌就会把它误认成凶猛的猫头鹰，当然不会再上前了！

蓝色舌头

蓝舌石龙子的性格十分温顺，它很少会主动发起攻击。蓝舌石龙子长着又长又大的蓝色舌头，当虎蛇靠近时，蓝舌石龙子就会吐出奇异的蓝舌吓退它。让人意想不到的是，最终虎蛇竟真被蓝舌石龙子的小伎俩唬住了。

双重保障

为了让敌人知难而退，藤蛇往往会采取双重措施。遇到袭击时，藤蛇会将颈部竖起，并吐出舌头，以此来吓唬敌人，为自己争取逃跑的时间。有时，藤蛇还会露出自己绿白相间的皮肤警告敌人："我可是有毒的，你最好考虑清楚！"

正面警告

别看黑熊体形硕大，事实上，它并没有看上去那么暴力。受到威胁时，黑熊会先用后腿支撑身体站立起来，接着露出自己锋利的牙齿，并大声地吼叫，希望入侵者可以就此停下脚步。如果入侵者还试图接近它，那它就不再会手下留情咯！

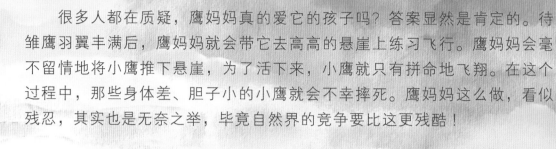

很多人都在质疑，鹰妈妈真的爱它的孩子吗？答案显然是肯定的。待雏鹰羽翼丰满后，鹰妈妈就会带它去高高的悬崖上练习飞行。鹰妈妈会毫不留情地将小鹰推下悬崖，为了活下来，小鹰就只有拼命地飞翔。在这个过程中，那些身体差、胆子小的小鹰就会不幸摔死。鹰妈妈这么做，看似残忍，其实也是无奈之举，毕竟自然界的竞争要比这更残酷！

知识扩展

鹰的自我介绍：我叫鹰，我的眼部结构很特殊。我的每只眼睛都长有两个中央凹，且每个中央凹负责观察不同的方位，这就使我的视野范围增大了许多。同时，我长有许多看东西的细胞，这使我能看得更远。另外，我的瞳孔很大，这让我可以看得更清楚。

良苦用心

小豹子慢慢地长大，猎豹妈妈也一改往日的慈母形象，变得越来越严厉了。这一次，猎豹妈妈在捕捉到猎物后，并没有立刻将其咬死，而只是将其咬伤，然后再故意放跑它，紧接着驱赶小豹子去追逐它。如果小豹子不情愿或中途想偷个懒，那就别怪猎豹妈妈不讲情面了，它会扑打小豹子，直到小豹子行动起来。为了能让小豹子独立，猎豹妈妈真是用心良苦啊！

严厉的爱

每个人表达爱的方式都不一样，动物们也是如此。猎豹妈妈的严苛，是想让猎豹宝宝快点儿学会捕猎技巧；羚羊妈妈的严苛，是想让羚羊宝宝赶快掌握逃生技巧；老虎妈妈的严苛，是想让老虎宝宝快点儿养成坚韧的性格……这些妈妈都在用自己的方式表达对宝宝的爱，你感受到了吗？

严格教育

羚羊的性格很温和，但它在教育孩子的时候却是十分严厉的。为了使羚羊宝宝在日后遇到危险时，能及时逃跑，羚羊妈妈不会主动给羚羊宝宝喂奶，除非羚羊宝宝已经学会了自己站立、行走和奔跑。虽然现在羚羊宝宝觉得妈妈很严厉，但日后它一定会明白妈妈的良苦用心的！

认真示范

狮子将猎物捕获后，并不会直接将肉撕下来喂给狮宝宝，而是用吼叫声鼓励狮宝宝自己动手。狮宝宝没有经验也不用担心，因为狮子父母会给它们演示如何撕开猎物的肚皮，怎样取食猎物的内脏。过了这一关，狮妈妈就不担心狮宝宝会饿肚子了。

严格要求

为了能让虎宝宝养成坚毅的性格以及学会腾跃的本领，老虎妈妈会用利爪将虎宝宝抓起来，再扔出去。有时候，老虎还会将虎宝宝扔进溪水中，并督促虎宝宝自己爬上岸。为了让虎宝宝适应环境，虎妈妈可没少下功夫！

扫地出门

狐狸妈妈捉到了一只田鼠，它并没有将田鼠直接咬死，而是准备把田鼠带回家给小狐狸们"练练手"。狐狸妈妈将咬伤的田鼠放在小狐狸的身旁，接着它会鼓励小狐狸争抢食物和咬打田鼠。等小狐狸再长大一些，狐狸妈妈还会将狐狸宝宝撵出家门，让它们学着独立。

13

动物界中有许多慈祥的妈妈，非洲象妈妈就是其中之一。迁徙的旅途不仅漫长，而且艰险，为了确保象宝宝的安全，非洲象妈妈会寸步不离地守护在小非洲象的身边。途中，为了防止象宝宝掉队，非洲象妈妈还会用自己的鼻子紧紧地牵住象宝宝的鼻子，这样象宝宝就不会有走丢的风险啦！

非洲象的自我介绍：
我是非洲象，我的鼻子上大约有10万块肌肉，而且我的鼻子末端还长有两个指状的突起，可以抓一些小东西，非常灵巧。

知识扩展

贴身守护

刚出生的小狐猴会被狐猴妈妈藏在自己的肚子下保护起来。等小狐猴6个月大时，狐猴妈妈就会将它们背在背上。其实，这时的小狐猴已经学会了自己觅食，但因为狐猴妈妈不放心它们的安全，所以狐猴妈妈依然会贴身守护它们。

温柔的爱

父母给予孩子生命，陪伴孩子成长，保护着孩子的安全……父母为孩子付出了太多精力，就算很辛苦，父母也从未抱怨过什么。动物界的"小朋友"们也同样有爱他们的父母。无论是凶悍的狼，还是温柔的大象……在自己的宝宝面前，它们都只有一个身份，那就是体贴、强大的父母。

绝对保护

为了保护自己的宝宝，尼罗口孵鱼妈妈会时刻守在鱼宝宝的身边。只要一有危险，尼罗口孵鱼妈妈就会张大嘴巴，让鱼宝宝躲进自己的嘴中。尼罗口孵鱼也许身形不够健硕，但对宝宝的爱却绝不输于其他父母。

爱的呼唤

不想在草原上肆意奔跑的斑马不是一匹好斑马，有时，斑马宝宝玩得尽兴了，就会在不知不觉中与妈妈分散。还好斑马妈妈足够细心，斑马妈妈一旦发现斑马宝宝走得远了，就会发出嘶鸣，呼唤斑马宝宝回到自己身边。

反差形象

狼有着"草原霸主"的称号，威名远播的它们，在小狼面前却只剩"慈父慈母"的形象。小狼饿了的时候，便会啃咬成年狼的嘴唇，向成年狼索要食物。就算成年狼被咬疼，它们也不会发脾气，还会将胃中的碎肉吐出来喂给小狼。

爱心午餐

大多数的昆虫都不会抚养和哺育幼虫，但其中也不乏特例，蠼螋就是这个例外。蠼螋妈妈会把外出捕到的食物带回家，喂给躲在洞穴里的蠼螋宝宝。充满了危险的世界交给妈妈来面对，你们就负责快乐地长大吧！

象海豹的自我介绍：
我是象海豹。我和海象长得很像，我们的主要区别是我没有牙，而海象有。我是最大的鳍足目动物，也是国家二级保护动物。

知识扩展

　　进入繁殖期后，憨厚的象海豹也有了自己的小心思，如何才能用优雅的方式赶走情敌呢？为了争夺配偶，成年的雄性象海豹会展开激烈的竞争。它们会用鼓起的鼻子发出击鼓一样的响声，那些体形较小的对手听到响声后，自然就会识趣地离开。

警告之声

自然界的动物们几乎都知道：黑犀牛的脾气不太好，尤其是雄性黑犀牛。雄性黑犀牛喜欢独居，若是其他雄性闯入它的领地，它就会用脚掌拍地，以此来警告闯入者。在争夺配偶时，黑犀牛还会发出低吼声震慑情敌，就好像在说："你快点儿放弃，不然就休怪我对你不客气！"

激烈碰撞

繁殖期一到，山谷中就会回响起阵阵"砰砰"声，这是怎么一回事儿呢？原来，这声音来自雄性大角羊。为了赢得更多的交配权，雄性大角羊会用它们的大角撞击彼此。有些大角羊甚至会被撞下山谷，场面十分惨烈！

雄性之间

雄性之间，可能并不需要过多的对话。决斗，也许就是它们之间最有效的沟通方式。那块领地到底归谁？谁先获得交配权？出现情敌该怎么办？领导权归谁……别苦恼，决斗一场就都能找到答案啦！虽然是决斗，但它们中的大多数都遵守着"点到为止"的原则，尽量不伤害到对方。走，跟我去它们的决斗场上转一转吧！

摔跤比赛

快来看哪！雄性长颈鹿们又在举行"长脖子摔跤比赛"啦！这场比赛对雄性长颈鹿非常重要，因为比赛结果直接影响着它们在群体中的地位，获胜者可以获得优先交配权。雄性长颈鹿把脖子交缠在一起，相互推搡，最终，脖子更粗壮的那只长颈鹿取得了胜利。

一声两用

"呱呱呱"，进入繁殖期后，池塘、田边等地满是青蛙的喧闹声。你以为雄蛙"呱呱呱"地大叫只是为了引起雌蛙的注意？其实，雄蛙不断地大叫还是为了赶跑它的竞争对手。没想到吧，蛙的叫声竟还有这种作用。

达成协议

响尾蛇虽然身怀剧毒，但它们并不会轻易地对同类使用致命的毒液，就像是签订了协议一样。争夺配偶时，响尾蛇最先想到的战略就是撞击，它们会用自己的身体狠狠地撞击对方，直到它们其中一方放弃、离开。

17

澳洲伞蜥的脖子上长有一圈特殊的皮膜，皮膜撑开后的样子像极了打开的伞，澳洲伞蜥也因此得名。受到威胁时，澳洲伞蜥就会迅速地将"伞"打开，并张大嘴巴，使自己看上去很可怕。看着突然"长大"的澳洲伞蜥，敌人一时不知道怎么办才好，这时澳洲伞蜥就会把握住机会，快速逃跑。

知识扩展 ➤

澳洲伞蜥的自我介绍：我叫澳洲伞蜥，主要生活在树林、草原及灌木丛中。又因为我快跑的样子像极了人类踏单车的动作，所以人们还叫我"单车蜥"。

体形胀大

浑圆的身体使河豚不能快速游动，那它遇到危险该怎么办呢？遇到袭击时，河豚会迅速地把空气或水吸入胃中，这时它的体形就会变得比原来大很多，接着它还会将身上的棘刺都竖起来，一副凶巴巴的样子，好像在说："看到没？我很强壮的，你确定还要来招惹我？"

变身御敌

为了保护自己不被伤害，动物们偶尔也会耍些小伎俩，不过它们的伎俩通常是用自己的身体做文章。柳雷鸟为了躲避捕猎者，会经常更换"着装"；河豚为了躲避捕猎者，会迅速胀大自己的身体；乌贼为了躲避捕猎者，会变换出与环境相符的体色……它们这样做，其实只有一个目的——唬住捕猎者，给自己制造逃生机会。

变换羽毛

为了躲避天敌，柳雷鸟会随着季节的变换来改变自己的"着装"。不过，柳雷鸟可没有变色龙那样直接改变体色的本事，它是通过换羽毛来实现变色的。春天，柳雷鸟会穿上淡棕黄色的"外套"；夏天，柳雷鸟则更偏爱褐栗色的"衬衫"；等到冬天，柳雷鸟就会换上雪白色的"棉袄"。有了这些"衣服"作掩饰，捕猎者再想找到它就要花些功夫喽！

遇敌变色

就算在捕猎者的眼皮子底下也能成功逃脱，这听起来是不是不可思议？但，豹纹变色龙就能做到。遇到袭击时，大多数的豹纹变色龙会把自己的体色由平静时期的蓝绿色一下子变成表达愤怒的红色。看到这突如其来的变化，对手自然会乱了阵脚，豹纹变色龙也就能趁机逃脱了。

融为一体

乌贼很擅长根据环境改变自己的体色，因此它又被称为"海底的变色龙"。遇到危险，只需短短几秒，乌贼就能用改变体色的方式将自己完美地隐藏起来。瞧吧，一转眼你就找不到它了。有时候，乌贼还会朝对手喷射带毒的墨汁，此时的乌贼真的非常生气！

变换体色

章鱼同样是个"伪装高手"，它们也会根据环境变换自己的体色。同时，它们也很擅长用体色表达自己的情绪。被惊吓到时，章鱼的体色就会变得十分明艳，敌人见此就不敢贸然上前了。让人感到惊讶的是，章鱼还能用变换体色的方式和同伴打招呼。

19

细尾獴喜欢和自己的家人、朋友生活在一起。为了群体的安全着想，细尾獴会轮流充当哨兵。它们经常站立着四处张望，一旦发现危险就会大声地噪叫，提醒伙伴快点儿躲起来。

细尾獴的自我介绍：我叫细尾獴，动画电影《狮子王》中的丁满就是以我为原型进行创作的。我的食物包括蛇，这是因为我拥有对部分毒液免疫的能力。我是不是很厉害？

知识扩展

卷卷的尾巴

遇到危险时，野猪不用大声嚎叫，就能将讯息在敌人毫不知情的情况下传递出去。平时，野猪总喜欢把它的尾巴甩来甩去。但，若是遇到危险，野猪就会将自己的小尾巴竖起，并在尾尖处卷出一个小卷儿，以此来告诉同伴："这儿有危险，快点儿逃！"

有危险，大家快跑

生活在充满危险的自然界，没有个"哨兵"怎么能行？哪怕是在享受美味的食物，也不能放松警惕；哪怕正在愉快地玩耍，也不能掉以轻心；就算是休息，也不能让捕猎者有机可乘……为了保证自身和群体的安全，聪明的动物们选择了轮流放哨、轮流值班的行为模式。这样它们就不用担心被捕猎者偷袭啦！

反常举动

一只正在闲逛的长颈鹿突然快速地跑了起来，接着，一群长颈鹿都跟着它慌忙地奔跑起来。你是不是好奇，这中间到底发生了什么？原来，长颈鹿正是用惊跑的方式来提醒同伴："有敌人出现了，大家快点儿撤离！"

轮流值班

进食时的动物十分容易放松警惕，一不小心可能就会沦为捕猎者的午餐。为了防止被突然袭击，斑马想出了一个好办法——轮流值班。一旦发现危险，"值班"的斑马就会发出长声鸣叫提醒同伴，听到警报声的斑马群就会立即停止进食，快速逃跑。

摇摆尾巴

快速奔跑是野兔躲避危险的主要方法。和家兔一样，野兔也长着短粗的尾巴。休息的时候，野兔会将它的短尾巴收好。要是遇到了危险，野兔就会先用后脚敲击地面，紧接着迅速地奔跑，并摇摆它的尾巴。同伴看到它这样，就知道附近有危险了，便会迅速地逃跑。

尽职哨兵

一只刚从海中觅食归来的海鬣蜥，正趴在岩石上睡觉。它真的累坏了，得好好地休息一下才行。但，它这样明晃晃地躺在岩石上休息，就不怕被老鹰偷袭吗？别担心，海鬣蜥早就考虑到了这个问题。休息时，海鬣蜥群会设置专门的"哨兵"负责放哨，若是有老鹰出现，哨兵就会及时唤醒睡梦中的同伴。

21

雄性招潮蟹的大螯发挥着许多作用。若是其他雄性招潮蟹妄想闯入它的地盘儿，它就会挥舞着大螯提醒对方："别再靠近了，这是我的地盘儿。"若对方不听劝，它就会用大螯拍打自己的甲壳或淤泥地面来警告对方："你要是再靠近，我就要收拾你了！"除此而外，雄性招潮蟹的大螯还是它们争夺配偶时使用的重要武器。

招潮蟹的自我介绍：
我叫招潮蟹，是世界上最会变色的螃蟹。我的体色会随着白天、黑夜的交替而变化。夜晚，我的体色会变浅；白天，我的体色则会变得深而鲜艳。

知识扩展

吵闹的鸟

　　繁殖期间，蜂鸟会在食源地附近建立自己的领地。其中，雄鸟负责守护领地，雌鸟负责侦察敌情。如果有谁想闯入它们的地盘儿，它们就会大声地鸣叫，"嗡嗡""叽叽"吵个不停，直到对方受不了离开，它们才会善罢甘休！

神奇二重奏

　　为了守护自己的领地和赢得雌鸟的青睐，雄性柳雷鸟免不了会和其他雄性发生争执。雄鸟会用尖锐的叫声警告其他雄性不要妄想闯入它的地盘儿，接着再用急促的"嘎嘎"声吸引伴侣。令人惊讶的是，柳雷鸟竟可以在这两种声音间自如地转换，它真不愧是优秀的"歌唱家"呀！

这是我的地盘儿

　　雄性招潮蟹为什么挥舞着大螯？蜂鸟夫妇为何叽叽喳喳地吵个不停？公鸡为何一直"咯咯咯"地叫？雄性柳雷鸟为何不断地变换着曲调？雄性知更鸟为何直挺挺地站在那儿……原来，这些小动物都在用自己独特的方式守护自己的领地，它们这样做只是为了警告对手："私人领地，请勿靠近！"

先礼后兵

　　繁殖期间的丹顶鹤，格外重视自己的领地权。雌雄丹顶鹤会轮流孵蛋，而休息的那只丹顶鹤则担起了觅食和守卫领地的责任。若是有入侵者想闯入它们的领地，丹顶鹤就会先发出鸣叫声提醒对方不要再靠近了，如果对方置之不理，它们就会用武力驱逐对方。

极力守护

　　为了守护好自己的领地，雄性知更鸟会昂首挺胸地站在自己的领地上，并露出自己橘黄色的胸部吓唬入侵者。如果这招不起作用，它就会用尖尖的喙和尖利的爪子猛烈地攻击对方，直至对方离开。

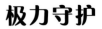

鸣叫的鸡

　　"咯咯咯"，一只公鸡正在不停地鸣叫，你以为它仅仅是在报晓？不是的，其实，公鸡鸣叫还是为了宣告领地权。公鸡会用鸣叫的方式提醒同伴："这块地已经有主人了，别想在我的地盘儿上撒野！"若其他公鸡还试图靠近，它就会展开猛烈的进攻。

今天，只有乌信天翁宝宝自己在家。这时，它的天敌贼鸥出现了。可乌信天翁宝宝并没有表现出一丝害怕，它先是大声地鸣叫，警告贼鸥不要再靠近了。但贼鸥并不打算放弃，于是，愤怒的乌信天翁宝宝就把嗉囊中未消化的残羹剩饭喷射了出去。因为这些残余食物的气味过于难闻，贼鸥瞬间就没兴趣吃它了，只能不情愿地离开。

知识扩展 ➡

乌信天翁的自我介绍：我叫乌信天翁，是大型海鸟。我和其他信天翁有着很大的区别，主要表现在羽毛的颜色上。其他信天翁的羽毛都是白色的，而我不一样。小时候，我的羽毛呈灰黑色；等到成年，我的羽毛又变成黑色的了。

臭味提醒

这只貂熊臭臭的，它一定很不爱干净吧。别误会，这其实是它保护自己的手段。貂熊的肛门附近长有臭腺，臭腺能分泌出难闻的臭液。貂熊喷射出臭液后，会在臭液上打个滚儿，使自己的身体沾满臭液。当敌人妄想吃它时，它身上的臭味就时刻提醒着对方："我这么臭，你确定还想吃我吗？"

喷射臭液

想要偷袭黄鼬可不是件容易的事，因为黄鼬有着极高的警觉性。不仅如此，黄鼬还有着令许多捕猎者望而却步的秘密武器——臭液。若是敌人对黄鼬穷追不舍，它就会竖起尾巴警告敌人："若是你再过来，我就朝你喷射臭液了！"

臭味警告

动物界有这样一群动物，它们常年住在臭烘烘的巢穴中，有时候，连它们身上都会散发出臭臭的气味。你是不是认为它们不讲卫生？其实，这只是它们保护自己、提醒敌人的手段。把家里弄得臭烘烘是为了不让其他动物闯进自己的家，把自己搞得臭烘烘是为了不被捕猎者吃掉，向捕猎者喷射臭液是为了警告敌人不要再试图靠近……

臭臭的血

遇到危险时，太阳角蜥会先竖起身上的角，再弓起自己的背部，使自己看上去很强壮，以此来告诉敌人："我并没有你想象得那么好对付，你可别胡来！"若是对方还要执意冒犯，它就会使出它的"杀手锏"——从眼角中喷射出既难闻又极具刺激性的血液。

臭味标记

松貂的肛门附近长有臭腺，臭腺可以释放出难闻的气体。为了不让其他动物闯进自己的家，松貂便用这气味来标记自己的家，以此来告诉其他动物："这里已经有主人了，你快走开！"松貂释放出的臭气不仅可以标记领土，还能驱敌自卫，是不是很厉害？

臭气保命

你以为小个子的七星瓢虫很好欺负？那你就大错特错了。七星瓢虫的自卫能力很强，许多敌人都拿它没什么办法。遇到袭击时，七星瓢虫会分泌出难闻的黄色液体，以此来警告敌人："想吃我，没门儿！"最终，敌人抵不过液体散发出的难闻气味，就只能灰溜溜地离开了。

大家快跑呀！
豹子来了！

蜘蛛猴的自我介绍：
我叫蜘蛛猴，我长着很长很长的尾巴，我的尾巴可以紧紧地抓住树枝。遇到危险时，我会向敌人抛树枝或粪便，这样敌人就不敢靠近了。

知识扩展

一群蜘蛛猴正在树上嬉闹，其中一只蜘蛛猴突然发出了一阵吼声，其他的蜘蛛猴立即反应过来——有敌人！于是，它们也跟着大声地吼叫起来。其他的小动物在听到了蜘蛛猴的提醒后，便迅速地躲藏了起来，因为它们知道，用不了多久，就会有凶猛的捕猎者出现。

专属警报器

牙签鸟是鳄鱼的"私人牙医"，它可以帮鳄鱼清理掉牙缝中的肉渣和寄生虫。这只鳄鱼乖乖地张开了嘴，正等着牙签鸟给它做"体检"呢！可牙签鸟并没有像往常那样钻进它的嘴中，而是不停鸣叫，提醒鳄鱼有物体正在靠近。接收到信息的鳄鱼会立即躲入水底，做好戒备，迎击敌人。

善意提醒

动物界有这么一群热心肠的动物，当捕猎者出现时，它们不仅会保证同伴的安全，也会提醒其他动物及时逃跑。蜘蛛猴的大声鸣叫、牛椋鸟的尽心守护、鸵鸟的机警……不知让多少动物躲过了一劫。你见过蹭吃、蹭住的，可你见过蹭敌情的吗？走，和我一起去瞧瞧究竟是谁在偷听敌情吧！

尽职保镖

牛椋鸟是犀牛的"知心好友"，它除了会帮犀牛清理掉身上的寄生虫，还会充当犀牛的"哨兵"。这只犀牛正在吃草，此时的它无法看清周围的环境。还好牛椋鸟守在它的身边，帮它留意着周围的变化。若牛椋鸟发现了危险，它就会通过鸣叫和惊飞来提醒犀牛。有这样尽职尽责的"保镖"，犀牛就能安安心心地享用美食啦！

热心邻居

斑马和羚羊很喜欢和鸵鸟生活在一起。鸵鸟不仅长着长长的脖子，还长着大大的眼睛，这使它可以清晰地看到远方敌人的动作。当敌人试图靠近时，鸵鸟就会发出"咯咯"的叫声，听到鸵鸟的叫声后，斑马和羚羊就知道有敌人出现了，便能及时地逃跑。能和热心肠的鸵鸟做邻居，斑马和羚羊也太幸福了吧！

偷听情报

乌鸦、寒鸦很喜欢跟着喜鹊一起去觅食，因为这样它们就能得到免费的"情报"啦！喜鹊觅食时，会专门派出一只鸟侦察敌情。若这只侦察鸟发现了危险，就会大声地鸣叫提醒伙伴撤离。在喜鹊提醒同伴的时候，乌鸦、寒鸦也能接收到喜鹊发出的讯息，便会跟着喜鹊在第一时间逃跑。

这只大猩猩正龇着牙捶打自己的胸膛呢，这也太可怕了吧！我想，这一定是谁惹怒了它。其实大猩猩平时是很温柔的，感到开心时，它会咧开嘴微笑；同伴伤心时，它也会用拥抱和亲吻安慰同伴。瞧吧，它并没有看上去那么可怕。

好气呀！

知识扩展

大猩猩的自我介绍：我是大猩猩，我可以发出22种明显不同的声音，且每种声音都带有不同的含义。日常生活中，常被听到的声音有8种。

羽冠的状态

凤头鹦鹉长着一头靓丽的"头发"——羽冠。这"头发"会随着它情绪的变化而发生改变。平时，凤头鹦鹉的"头发"是向后垂下的。但如果凤头鹦鹉兴奋或生气时，它的"头发"就会完全地树立起来，那样子真是太滑稽了！

情绪表达

人类会用各种方式来表达自己的情绪：高兴时大笑，伤心时痛哭，生气时大声吼叫……和人类一样，动物也会有各种各样的小情绪：生气、害怕、高兴、紧张……可面部表情不丰富的它们该如何表达自己的情绪呢？向后翻的耳朵、瞪大的眼睛、竖起的羽冠、夹紧的尾巴……这都是它们表达自己情绪的方式。

臀部颜色

山魈身上的色彩十分丰富，这些颜色不仅可以帮它吸引雌性的注意力，还能帮它震慑情敌。但更神奇的是，山魈还会用臀部的颜色来表达自己的情绪。如果山魈感到兴奋或愤怒，它臀部的颜色便会随之加深，是不是很有意思？

表里如一

想要搞明白马的情绪，其实一点儿也不难。马很擅长用不同的方式来表达自己的情绪。当它感到生气或厌烦时，它就会将自己的耳朵向后翻，并瞪大眼睛，有时还会伴有响鼻。如果它露出眼白，则是在告诉你，此时它很兴奋或很害怕。不仅如此，马还能用不同的叫声来表达自己的情绪。

叫声与尾巴

狗是人类的好伙伴，可我们真的了解它们吗？你以为狗大声地朝你吼叫，是准备攻击你？其实，狗大声地吼叫可能是为了表达高兴，也可能是为了邀请你和它玩耍。如果你看到它夹紧尾巴，则代表此时的它真的很紧张或很害怕。

明确表达

兔子是很擅长沟通的动物。当兔子感到害怕或疼痛，它就会发出惊叫声。当它感到不满或生气，它就会发出"嘶嘶"的叫声，提醒同伴不要再靠近它啦！如果此时同伴还要执意接近它，那就不要怪它动用武力喽！

座头鲸能发出既有节奏又悦耳的声音，它们被称为"海底的歌唱家"。座头鲸还常常用歌声来传递信息。繁殖期时，雄性座头鲸便会用优美的"歌声"来向雌性座头鲸表达爱意。迁徙时，座头鲸也会用歌声告诉同伴自己所处的位置。没想到吧，歌声还有这么多功能呢！

知识扩展

座头鲸的自我介绍：我是一只雄性座头鲸，我每年会花费半年的时间来唱歌。我唱歌并不是一味地胡乱吼叫，仔细听，我的歌声是有节拍的哟。

语言大师

虎鲸是动物界的"语言大师"，它们可以发出几十种不同含义的声音。捕鱼时，它们会先发出"咂嚓"声吓唬鱼群，使鱼群四处逃窜。接着，虎鲸再利用超声波与同伴保持联系，并商讨作战计划。最后，它们只需用回声就能确定鱼群的位置啦！是不是很聪明？

信息传达

不会讲话不要紧，它们可以发出各种声音；没有电话不要紧，它们已经掌握了"千里传音"；不能鸣叫也不要紧，它们已经发明出了"暗语"。什么？你问我它们是谁？走，我这就带你见见它们。

敲击洞壁

穿山甲好不容易才找到白蚁穴，它开心极了，看来，今天的晚饭有着落啦！可让它失望的是，蚁穴中竟没有一只白蚁，这到底是怎么一回事儿呢？原来，白蚁群的"哨兵"早就发现了穿山甲的身影。"哨兵"用头敲击洞壁，以此来提醒洞中的同伴赶快撤离。洞中的同伴感受到了洞壁的震动，自然就明白了哨兵的"暗语"。

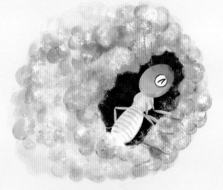

长途电话

"嘟嘟嘟"，是谁给象宝宝打来了电话？原来，这是象妈妈在吆喝象宝宝赶快回家呀！大象可以发出极低沉的声音，这声音能传到好几千米以外的地方，大象正是靠着这声音与同伴保持联系的。

捕食行动

这只暗黑斑纹海豚将身体高高地跃出了海面，你以为它只是在和同伴嬉戏？其实，有时候暗黑斑纹海豚将身体跃出海面，还是为了告知同伴它发现了鱼群，并邀请同伴过来一起捕猎。捕猎时，它们也会用各种声音进行交流。

谨慎赴约

今天，雄圆蛛要去"拜访"雌圆蛛啦！为了避免被雌圆蛛误食，雄圆蛛会先用身体在雌圆蛛的蛛网边缘振动发出一种特殊的信号，告诉雌圆蛛："我是自己人，你可不要吃掉我呀！"哎，这场赴约也太惊险了吧！

每年春天，驯鹿群都会由雌鹿带队，来一场说走就走的"长途旅行"。途中，免不了会有掉队的成员。你瞧，这只驯鹿就掉队了，可它看上去并不着急，这是为什么呢？原来，驯鹿群会边走边掉毛，而掉落的毛正好就形成了路标。那些掉队的驯鹿只要跟着这些毛走，就极有机会找到自己的同伴。

知识扩展

驯鹿的自我介绍：我是驯鹿，有时，人们也会把我叫作"角鹿"。鹿科驯鹿属里只有我一种动物。石蕊是我最常吃的食物，有时我也会吃蘑菇和植物的嫩叶。

体液标记

这只狗真不讲卫生，它竟然随地大小便。你误解它了，它并不是不爱护环境，它只是在做标记。方便以后能找到回家的路，狗会利用肛门腺使自己的大小便带有一种特别的气味，通过闻这种气味，它们就能轻轻松松地找到返家的路啦！

跟着我走

动物们没有路标，也没有地图，更没有导航仪，那要是不慎迷路了，它们岂不就惨啦？别担心，它们可比我们想象中要聪明得多。带有特殊气味的体液、脱落的毛发、响亮的叫声……都是它们的"路标"，跟着这些"路标"它们就能找到同伴了。跟紧了，下次可别再这么粗心咯！

安全密信

为了告诉同伴这条路是安全的，鹿会沿途给同伴"留信"。这只鹿真奇怪，它居然在树上蹭头，它不疼吗？其实，它这是在向同伴传递消息。鹿的头部长着一种腺体，可以分泌出强烈的气味。它们会在沿途的树上蹭几下，这样同伴就知道这条路是安全的啦！

气味标识

木蚁群的伙食几乎全由工蚁提供。如何在觅食后找到回家的路，这成了每只工蚁都要面对的难题。但幸运的是，外出的工蚁会沿途留下一种特殊的气味。觅完食的工蚁，只需跟着这种气味走，就能顺利地找到回巢穴的路啦！

靠谱的领队

冬天来了，雁群又要从寒冷的北方迁往温暖的南方啦！令人疑惑的是，没有地图的大雁是如何准确找到目的地的呢？原来，飞在队伍前头的是经验丰富的大雁，它们对迁徙的路线十分熟悉，只要跟着它们飞，就不会迷路啦！迁徙途中，大雁们还会不断地发出"嘎嘎"声，与同伴保持联系，提醒同伴不要掉队。

叫声引导

为了吃上甜甜的蜂蜜，蜜獾和响蜜䴕常常结伴觅食。响蜜䴕负责寻找蜂巢，蜜獾负责觅取蜂蜜。那没有电话的它们，是如何保持联系的呢？响蜜䴕在找到蜂巢后，会不停地鸣叫，提醒蜜獾："跟我来，我找到了蜂巢！"接着，蜜獾就会边回应边跟着响蜜䴕走。

绵羊妈妈可以在众多的小绵羊中准确地找到自己的孩子。别不信，这对绵羊妈妈来讲，不过是小事一桩。绵羊妈妈会不断地发出叫声呼唤小绵羊，小绵羊听到后就会发出声音回应。等碰面后，绵羊妈妈还会闻一闻小绵羊身上的气味，最终才会确定这到底是不是自己的宝宝。

知识扩展

绵羊的自我介绍：我是绵羊，我的嗅觉很灵敏。采食青草前，我会先闻一闻草是否有异味，是否被践踏，是否被污染，从中挑出干净的草来食用。

交班暗号

帝企鹅妈妈在产下蛋后就会外出觅食，而帝企鹅爸爸则留守照看蛋宝宝。等帝企鹅妈妈填饱肚子回来后，帝企鹅爸爸就会将蛋宝宝交给帝企鹅妈妈。可帝企鹅爸爸是如何辨别出帝企鹅妈妈的呢？原来，外出归来的帝企鹅妈妈会发出一种叫声，听到这种叫声，帝企鹅爸爸就能认出自己的伴侣啦！

辨别亲人

为了辨认出自己的亲人，动物们可想了不少办法。听一听亲人的叫声，闻一闻亲人的气味，看一看亲人身上的"着装"……这样就很难再搞错了吧！可是，动物中也不乏粗心大意的家伙，它们甚至不能辨别出自己的宝宝。哎！这些家伙真应该向其他动物学习一下识娃辨娃的方法。

条纹衬衫

斑马妈妈一点儿也不担心小斑马会和自己走散，因为就算走散，斑马妈妈也能通过小斑马身上的"条纹衬衫"找到它。每一匹斑马都长着独特的条纹，这些条纹不但宽度不等，而且排列方式也是独一无二的，就像长在它们身上的"指纹"。通过这些"指纹"，斑马就能辨认出自己的家人、朋友了，是不是很神奇？

无法识别

繁殖期间，苇莺会十分警惕地守着自己的巢穴，不让其他鸟类靠近。但有时因为苇莺的一时疏忽，大杜鹃就会将自己的卵产在它的巢穴中。破壳后的杜鹃宝宝为了独享"养父母"的抚育，会毫不留情地将其他卵和雏鸟推出巢外，而粗心的苇莺可不会发现这些。苇莺真该和其他动物好好学习一下，这样才不会再认错宝宝。

独特的密码

为了防止杜鹃宝宝冒充自己的孩子，细尾鹩莺妈妈特意设置了一道独特的语言密码。在细尾鹩莺宝宝还未破壳时，细尾鹩莺妈妈就会教它们一种独特的叫声。只有学会了这种叫声，破壳后的它们才能享受到爸爸妈妈的投喂。细尾鹩莺妈妈这招真是太厉害了！

闻声识娃

你知道吗？麻雀妈妈通过小麻雀的叫声就能分辨出它到底是不是自己的孩子。麻雀宝宝和妈妈走散了，但它并不慌张。它先是飞到了一个相对安全的地方，接着它开始大声鸣叫，"叽叽喳喳，叽叽喳喳……"麻雀妈妈显然听懂了它的呼唤，正朝着它飞来呢！

35

如果仔细观察，你就会发现火烈鸟十分喜欢和同伴一起生活，并且它们之间相处得十分融洽。这两只火烈鸟把长长的脖子交缠在了一起，你以为它们是在打架？你误会了，它们这是在嬉戏呢！对了，这也是它们联络感情的秘诀哟！

知识扩展

火烈鸟的自我介绍：我叫火烈鸟，我长着结构特殊的喙，我的上喙边缘长着稀疏的锯齿和细毛。在水中觅食时，我的喙就像一个筛子，可以过滤掉水和多余的渣滓。

梳理羽毛

哀鸽喜欢过群居生活，但如果它们有了伴侣，它们就会带着伴侣去外面享受一下"二人世界"。刚刚结成伴侣的哀鸽还需要相互了解一段时间，为了促进彼此的感情，它们常常会用尖尖的喙为对方梳理羽毛。

友好交流

人类会用握手、拥抱等方式来表达自己的情感。动物们也有一套自己独特的"社交方法"。海狮会亲吻和触碰同伴，哀鸽会为同伴梳理羽毛，笑翠鸟会成群地聚在一起"唱唱歌"，火烈鸟会和同伴嬉戏……这些行为，使它们之间的感情变得越来越好，信任度也有所提高。看来，友好的交流方式真的很重要！

相依相偎

天鹅对伴侣十分忠诚，它们大多数一生只会拥有一个伴侣。天鹅夫妇经常用不同的方法来增进彼此的感情。有时它们会两喙相触；有时它们会相互梳理羽毛；有时它们会将头紧紧地靠在一起，相互依偎着漂浮在水面上。瞧，这画面是不是很温馨？

家族聚会

笑翠鸟会通过鸣叫来和成员沟通。每当凌晨或日落，成群的笑翠鸟就会聚集在一起"聊聊天"。刚开始的时候，它们往往发出的是"轻笑声"。接着，不知它们谈到了什么有趣的话题，"轻笑声"就转变为了"开怀大笑"。全程下来，就像是听了一场精彩的合唱表演，有意思极了！

表达思念

海狮妈妈会在暖和的海岸边产下自己的孩子。海狮妈妈在产下小海狮的一个月后，就不得不和海狮宝宝短暂分别，因为海狮妈妈得抓紧时间下海寻找食物了。大概两三天后，海狮妈妈才能觅食回来。分别后的重逢，使海狮妈妈格外激动，它再也按捺不住对宝宝的思念，轻轻地亲吻着小海狮，给小海狮讲述海洋中的故事。小海狮也会在妈妈的身上蹭来蹭去，以此来表达对妈妈的思念。

知识扩展

河马的自我介绍：我是河马，你别看我平时比较安静温和，事实上，我的脾气并不好。若是有谁想闯入我的领地，我一定会大发脾气，和它打一架。

为了保护河马宝宝和守卫自己的领地，憨厚的河马有时也会用武力解决问题。这只河马张大了嘴巴，就像在打哈欠一样，你以为它这是困了？不是的，它其实是在向对手展露锋利的牙齿，以便告诉对手："我可不会怕你！来决斗吧！"

一级戒备

老虎的领地意识十分强，它会将自己的体液喷洒在领地周围的植物上，有时也会用爪子在植物上挠出痕迹，以此来标记自己的领地。当有动物想闯进它的领地时，它会先大声吼叫，提醒对方快点儿离开。若警告不管用，对方还执意前进，它就会迅速进入战斗状态——翻转自己的耳朵，将耳背上的斑点露出来，以此告诉对方："再不离开，休怪我不客气了！"

斗志昂扬

别看鹪鹩的个头不大，面对敌人时，它可是气势十足。就算遇到体形比它大好几倍的敌人，鹪鹩也不会畏惧。它会将自己的羽毛竖起，再展开双翅，最后把尾巴舒展成扇形。看它这幅姿态，敌人就明白它已准备好一战了。

准备战斗

打架既耗时，又费力，还容易造成伤亡。因此，动物们一般不会轻易打架。可是，面对敌人的一再挑衅，动物自然不会一味地忍让，而是选择主动迎战。河马露出了尖利的牙齿，鹪鹩竖起了自己的尾羽，大象展开了自己的大耳……它们这副样子，都是为了告诉你："我准备好战斗了！"所以，碰到这样的情况，还是趁早走远点儿吧！

智慧御敌

为了保护雏鸟，性情温和的鸵鸟也变得勇敢起来。受到威胁时，鸵鸟会一边扑打翅膀，一边冲向敌人，就像在说："来，我们打一架！"事实上，鸵鸟并不会真的冲向对方，而是巧妙地避开对方的进攻。反复几次，雏鸟就有充足的时间逃跑啦！

准备就绪

虎猫的外表看上去很可爱，但值得注意的是，它并不是一个善茬儿。遇到敌人，虎猫会先瞪圆眼睛警告敌人："我可不是好惹的！"若对方执意冒犯，虎猫就会把耳朵紧贴在头上，接着嘴巴大张，露出尖牙，以此告诉对手："我准备好了，开始战斗吧！"

昂首挺胸

面对一再挑衅的敌人，温柔的大象也难免会有小脾气，它决定不再忍让了，要和对方痛痛快快地打上一架。大象昂首站立，高高扬起自己的长鼻，最后将两只巨大的耳朵也伸展开来，这使本就体形庞大的它，看起来更加不好惹了。

猴王要经常面对那些来挑战的公猴，为了减少战斗次数，机智的猴王想出了一个办法：委婉拒绝。看，又有公猴来挑战猴王了。猴王迅速地将幼猴从母猴的怀中抱过来亲昵，它这样做，就是为了告诉对手："我不想打架。"来挑战的公猴怕误伤到幼猴，就会放弃挑战，扫兴而归。猴王真是太聪明了，这样既避免了正面冲突，又保住了自己的地位。

你看，我现在可没空打架。

知识扩展

猴的自我介绍：我是猴，我经常和我同伴互相梳理毛发。值得注意的是，我们并不是在相互摘虱子，而是为了在对方身上找盐粒吃。

摇手示弱

瞧，这只鬃狮蜥正在用力地摆动它的前腿，它这是在打太极吗？不是的，它这是在向对手示好呢！鬃狮蜥的脾气很好，但这并不代表它们成员之间不会发生矛盾。在遇到比自己体形庞大的对手时，鬃狮蜥会通过"摇手"来示弱，以此来保护自己不被对手伤害。

示好与示弱

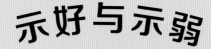

身为"草原霸主"的狼，偶尔也会表现出谦卑；犟脾气的驴，也学会了低眉顺眼；雌性海狮为了劝架，也会向雄海狮"撒个娇"……你瞧，逗凶斗狠从来都不是最好的选择，矛盾不仅可以用武力化解，有时，示好或示弱反而能达到更好的效果哟！

回家的信号

三趾鸥主要生活在悬崖上。繁殖期间，雌雄三趾鸥会轮流孵蛋，轮流外出觅食。为了不被伴侣当成入侵者攻击，觅食回来的三趾鸥会通过叫声或鞠躬的方式来向伴侣示弱。毕竟，悬崖边上是很危险的，一不留意就有误伤宝宝的可能。

尊敬长辈

这只年长的驴为什么要竖起它的耳朵，露出它的牙齿？这是因为，它心情不好，它在以这样的方式提醒小辈不要来招惹它。为了不被误伤，年幼的驴则会低下头，耷拉着耳朵表示对长辈的尊敬和顺从。

劝架能手

可爱的海狮也有生气的时候。部分雄海狮在守护领地和争夺食物时，会变得烦躁易怒。每当这时，雌海狮就会用自己的胡须抚摸雄海狮的身体。慢慢地，雄海狮的情绪得到平复，自然就不会和其他雄海狮打架了，雌海狮真是个合格的劝架小能手！

谦卑模样

别看狼是"草原霸主"，其实它们也有向同伴示好或示弱的时候。为了避免争斗所带来的伤害，成年狼会用十分直接的方式向同伴示好，它们会闭上嘴巴，垂下耳朵，接着将自己的尾巴垂下，并发出"呜呜"的低嚎声，一副谦卑的样子，就好像在说："您是老大，我绝不惹麻烦！"同伴见到它这样，自然就不好意思再为难啦！

41

这只鮟鱇鱼张大了嘴巴，它只需静静地等待，用不了多久，就会有猎物自己送上门。鮟鱇鱼的脑门儿上长有会发光的感官，就像是一个小灯笼。"小灯笼"引来了不少捕猎者，但，令这些捕猎者万万没想到的是，它们居然成了别人的"盘中餐"。

知识扩展

鮟鱇鱼的自我介绍：我叫鮟鱇鱼，我的头顶上长着个会发光的"小灯笼"。这个小灯笼虽然可以帮我吸引猎物，但有时它也会引来我的天敌。碰到天敌时，我就会把"小灯笼"迅速地塞进嘴里，这样敌人就不会发现我了。

触手发光

萤火鱿的每根触手上都长着一个发光器，聪明的萤火鱿便会用这些发光的触手将猎物吸引过来，接着再用强有力的触手牢牢地抓住猎物。值得一提的是，萤火鱿会在晚上来到海面附近，就像是星星掉进了海里，那画面真的很漂亮！

荧光警告

深海中闪烁着的光，到底有什么含义？那些光可能是捕猎者释放出的虚假信号："快来呀，这儿有好吃的。"那些光还可能是小动物们对捕猎者发出的警告："快走开，我可不好惹！"归根结底，这些光都透露着同一个信息——危险！如果你读不懂它们的荧光警告，那你可就要遭殃啦！

触碰发光

你瞧，海底怎么插着两根漂亮的鹅毛笔？你搞错了，那可不是鹅毛笔，那是海鳃。看似柔弱的海鳃也有自己独特的御敌诀窍——发光。如果被捕猎者触碰，它们中的大多数都会用发光的方式来警告对方。

触须发光

斑绞管海葵主要生活在热带水域和亚热带水域。斑绞管海葵的触须上长着会发光的器官，那些想要吃它的鱼看它会发光，自然就不敢轻举妄动了。有时，为了躲避危险，斑绞管海葵也会将触须缩回到"管子"里。

闪亮的眼睛

我知道你看过小猪佩奇，可你见过小猪鱿鱼吗？小猪鱿鱼的外形酷似动画片里的猪，它眼睛附近还长有会发光的器官。当捕猎者试图接近它时，看到它闪闪发光的眼睛，自然就不敢再把主意打到它身上啦！

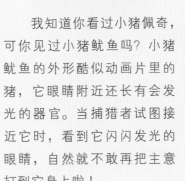

为了得到心仪对象的青睐，雄刺鱼不但要好好"打扮"一番，而且它还会为雌刺鱼精心准备一支舞蹈——"之"字舞，以此来邀请雌刺鱼跟它回家。雄刺鱼跳着欢快的舞步，一步一步地将雌刺鱼引向自己的巢穴。到达巢口后，若雌刺鱼因"害羞"不愿进去，雄刺鱼就会竖起身上的刺催促它。

知识扩展

刺鱼的自我介绍：我是一条雄刺鱼，繁殖期时，我会收集很多水草来筑巢。巢穴建好后，我会经常往巢穴上泼水，以此来确认巢穴是否牢固。

踢踏舞表演

"哒哒哒——"这是什么声音？这是雄性蓝脚鲣鸟在给雌性蓝脚鲣鸟表演"踢踏舞"呢！繁殖期间，为了展示自己的魅力，雄性蓝脚鲣鸟会不停地跺它那双蓝色的大脚，并时不时地舞动翅膀。瞧，这只雄性蓝脚鲣鸟因为表现突出，似乎已经得到了雌鸟的肯定。

精彩肚皮舞

雄性孔雀蜘蛛的身上长着色彩艳丽的绒毛。为了充分展示自己身上的条纹、色彩，雄性孔雀蜘蛛会为雌性孔雀蜘蛛表演一段精彩的"肚皮舞"。它们使出浑身解数摆动腹部，以此来告诉雌性孔雀蜘蛛："我这么好看，选我准没错！"

舞蹈传信

繁殖期间，为了得到伴侣的肯定，许多雄性动物都使出了看家本领。不会唱歌？那就跳一支舞来表达自己的感情吧！鹈鹕表演了好看的"8"字舞，蓝脚鲣鸟献上了独特的"踢踏舞"，全能选手琴鸟又唱又跳……快，和我一起去欣赏下它们的舞姿吧！

求爱"8"字舞

大多数的鹈鹕一生只会有一个伴侣，所以，求偶便成了它们一生中的头等大事。为了讨得伴侣的欢心，雄鹈鹕可要费不少工夫！唱一首曲调优美的歌，展示下自己强健的体魄，为雌鸟梳理梳理羽毛……不过，要说它们最拿手的还得是舞蹈。瞧呀，这只雄鹈鹕已经迫不及待地要为雌鹈鹕跳一支"8"字舞啦！你可不要小瞧了这支舞，这里面可承载着雄鹈鹕满满的爱意呢！

小舞蹈家

众所周知，工蜂是蜜蜂家族的"顶梁柱"，收集、传递"情报"全靠它们。那你知道它们是如何传递信息的吗？蜜蜂传递信息的方式很有意思——跳舞。它们可以用不同的舞蹈动作向同伴报告食物在哪个方向，以及食物离它们有多远。

能歌善舞

琴鸟是很多动物的偶像，它不但长得美丽，而且还能歌善舞。求偶时，雄性琴鸟会先选一块"风水宝地"作为自己的表演舞台。紧接着它就会高声哼唱，唱到忘情之时，它便会展开它那七弦琴一般的尾羽，翩翩起舞，以此告诉雌鸟："瞧见没，我的优点可多着呢！"

45

穿着"黑白礼服"的大熊猫既没有可以竖起的羽冠，也没有足够灵活的耳朵和尾巴，那它靠什么来传递信号呢？大熊猫会通过气味来与同伴交流。它们会用气味或抓痕来标记自己的领地，以此告诉同伴："这里是我的地盘儿！"你是不是还好奇它们是怎样辨别对方的？当然也是靠气味啦！它们会根据彼此独特的气息来辨认对方，并且很少有认错的时候。是不是超厉害？

知识扩展

熊猫的自我介绍：我叫大熊猫，我可是中国的国宝哟。因为我们熊猫家族已在地球上生活了至少 800 万年，因此，我们还被人类称为"活化石"。

奇特的对话

动物们有着多种多样的对话方式。竹子上的抓痕究竟代表着什么？雌燕鸥是想用鸣叫声吓跑敌人吗？萤火虫为什么总是一闪一闪的？雄盗蛛为什么要给雌盗蛛准备礼物……算了，别想了，现在就和我一起去听听它们之间的对话吧！

甜蜜回应

"一闪一闪亮晶晶，满天都是小星星。"其实，一闪一闪的可能不是星星，而是萤火虫。雄萤火虫在寻找配偶时，会发出有规律的荧光作为求偶信号。如果雌萤火虫也愿意与它交配，就会发出强光来回应它。没想到吧，神秘的"光语"背后，竟还藏着这层含义。

宣示配偶权

鼯鼠是个占有欲非常强的家伙。鼯鼠的头上长着奇特的气味分泌腺，繁殖期间，雄性鼯鼠在找到伴侣后，就会在伴侣的身上留下气味记号，以此警告其他的雄性："它已经嫁给我啦！你们可别再打它的主意了。"

明确拒绝

雌性蝴蝶正在叶子上休息，让它没想到的是，一只雄性蝴蝶在此时飞了过来，并对它展开了追求。雌蝶并没有表现出多大兴趣，反而平展着四翅，并高高抬起腹部，以此来告诉雄蝶："我不答应你的追求！"

定情礼物

为了表达自己的诚意，大多数的雄性盗蛛都会为它们的"意中人"准备一份精致的定情礼物——用蛛丝包裹好的昆虫尸体。收到了礼物，雌蛛当然不好意思再拒绝它啦！有意思的是，有的雄性盗蛛会送雌蛛一个"空包裹"，试图蒙混过关。不过，雌蛛可不是那么容易上当的哟！

索要食物

繁殖期间的雌燕鸥是无法自己捕食的，因为此时它们的身体十分笨重。可一直饿肚子实在太难受，于是，它们会通过鸣叫向雄燕鸥索要食物。雄燕鸥收到信号后，就会毫无怨言地去为雌燕鸥寻找食物。

图书在版编目（CIP）数据

动物语言的秘密 / 马玉玲编著. -- 长春 : 吉林科学技术出版社, 2023.4
（动物秘密大搜罗）
ISBN 978-7-5744-0186-0

Ⅰ.①动… Ⅱ.①马… Ⅲ.①动物－儿童读物 Ⅳ.①Q95-49

中国国家版本馆CIP数据核字(2023)第056483号

动物秘密大搜罗·动物语言的秘密
DONGWU MIMI DA SOULUO · DONGWU YUYAN DE MIMI

编　　著	马玉玲	出　　版	吉林科学技术出版社
出 版 人	宛　霞	发　　行	吉林科学技术出版社
责任编辑	石　焱	地　　址	长春市福祉大路5788号出版大厦A座
幅面尺寸	226 mm×240 mm	邮　　编	130118
开　　本	12	发行部传真／电话	0431-81629529　81629530　81629531
印　　张	4		81629532　81629533　81629534
字　　数	50千字	储运部电话	0431-86059116
页　　数	48	编辑部电话	0431-81629380
印　　数	1-7 000册	印　　刷	长春新华印刷集团有限公司
版　　次	2023年4月第1版	书　　号	ISBN 978-7-5744-0186-0
印　　次	2023年4月第1次印刷	定　　价	29.90元

如有印装质量问题　可寄出版社调换